BEI GRIN MACHT SICH IHR
WISSEN BEZAHLT

Bibliografische Information der Deutschen Nationalbibliothek:

Die Deutsche Bibliothek verzeichnet diese Publikation in der Deutschen National-
bibliografie; detaillierte bibliografische Daten sind im Internet über http://dnb.d-
nb.de/ abrufbar.

Impressum:

Copyright © 2017 GRIN Verlag
Druck und Bindung: Books on Demand GmbH, Norderstedt Germany
ISBN: 9783668676879

Veronika Albert

Ignaz Semmelweis Erfindung des Desinfektionsmittels. Ist dessen alltäglicher Gebrauch tatsächlich notwendig?

GRIN Verlag

GRIN - Your knowledge has value

Der GRIN Verlag publiziert seit 1998 wissenschaftliche Arbeiten von Studenten, Hochschullehrern und anderen Akademikern als eBook und gedrucktes Buch. Die Verlagswebsite www.grin.com ist die ideale Plattform zur Veröffentlichung von Hausarbeiten, Abschlussarbeiten, wissenschaftlichen Aufsätzen, Dissertationen und Fachbüchern.

Besuchen Sie uns im Internet:

http://www.grin.com/

http://www.facebook.com/grincom

http://www.twitter.com/grin_com

S E M I N A R A R B E I T

Rahmenthema des Wissenschaftspropädeutischen Seminars:
Große Naturwissenschaftler und ihre Entdeckungen
Leitfach: **Chemie**

Thema der Arbeit:
Ignaz Semmelweis: Die Erfindung des Desinfektionsmittels – Ist dessen alltäglicher Gebrauch tatsächlich notwendig?

Inhaltsverzeichnis

1 Ignaz Semmelweis – Retter der Mütter

„In den Händen der Ärzte" – ein solcher Buchtitel lässt zunächst auf einen kitschigen Krankenhausroman schließen, in dem die zumeist weiblichen Patienten ihr Schicksal den Halbgöttern in weiß anvertrauen. Tatsächlich wählte Anna Durnová, die Autorin dieses Buches, eben diesen Titel für die Biographie über Ignaz Philipp Semmelweis (1818-1865), denn sie meinte ihn wörtlich. Krankheit und Gesundheit, Tod und Leben, das Problem und dessen Lösung lagen buchstäblich in den Händen der Ärzte. Denn in, genauer gesagt, auf ihren Händen befand sich die Ursache der zahlreichen Erkrankungen der frischgebackenen Mütter am gefürchteten Kindbettfieber. Ebenso in ihren Händen lag jedoch auch die Macht, die Übertragung der infektiösen Partikel zu verhindern. Wenn sie sich dessen bewusst gewesen wären und Ignaz Semmelweis' Erkenntnisse akzeptiert hätten, wären unzählige Menschenleben gerettet worden.[1] Doch die Verblendung und Ignoranz der bedeutendsten Geburtshelfer ihrer Zeit verhinderten den medizinischen Fortschritt. Daran trägt Semmelweis allerdings auch eine Teilschuld, da er seine Theorie weder rechtzeitig publizierte noch gegen seine Gegner verteidigte, wodurch er keinen Fuß auf der wissenschaftlichen Bühne des 19. Jahrhunderts fassen konnte.[2]

Trotz aller Widrigkeiten geht Semmelweis als bedeutendste Persönlichkeit der Medizin in Ungarn aus der Geschichte hervor, und sein Dienst an der Menschheit verleiht ihm zu Recht den Ehrentitel „Retter der Mütter". Mittlerweile rettet das Desinfektionsmittel jedoch nicht nur jungen Müttern das Leben, das Prinzip der Antisepsis hat in sämtlichen medizinischen und chirurgischen Einrichtungen Einzug gehalten.[3]

Auch im Alltag beeinflusst uns die Verwendung von desinfizierenden Handreinigungspräparaten maßgeblich, da sich viele Menschen vor Krankheitserregern schützen wollen. Doch ist dies tatsächlich notwendig und sinnvoll, oder schaden wir unserer Haut und unserem Immunsystem damit mehr als es uns nützt? Diese Frage ist zentraler Gegenstand dieser Arbeit, welcher mit einem experimentellen Versuch auf den Grund gegangen wird. Schlussendlich sollen auch potenzielle Gefahren der Anwendung von Desinfektionsmitteln bei der Urteilsfindung berücksichtigt werden, denn hier ist zweifelhaft, ob viel tatsächlich auch viel hilft.

---

[1] nach Lit. [6] S.12
[2] nach Lit. [7] S.258
[3] nach Lit. [1] S.198

2 Geschichtlicher Hintergrund zu Semmelweis' Beteiligung an der Erfindung des Desinfektionsmittels

2.1 Notwendigkeit durch hohe Mortalitätsrate aufgrund des Kindbettfiebers

Wien, 1846: Wir befinden uns in einer Zeit, in der die berühmten Wiener Fiaker sich ihren Weg noch durch enge, verschmutzte Straßen bahnen müssen, an deren Verunreinigung sie mitunter selbst schuld sind, um ihre meist wohlhabenden Passagiere ans Ziel zu bringen.[4] Am selben Schauplatz der Geschichte, in einer ebenso dreckigen Seitengasse, entbindet eine junge Frau aus der unteren Schicht der Gesellschaft ihr Kind. Einige Straßen weiter befindet sich das Wiener Allgemeine Krankenhaus, doch die Hochschwangere hat es aus zeitlichen Gründen nicht geschafft, dorthin zu gelangen. Dieser vermeintlich unglückliche Umstand sollte ihr jedoch das Leben retten, denn die Frauen in Wien versuchen die Aufnahme in der im Volksmund als ‚Todesklinik' bezeichneten Ersten Wiener Gebärklinik tunlichst zu vermeiden. Zu dieser Zeit wütet das Kindbettfieber so stark, dass von einem Massensterben gesprochen wird, denn jede fünfte Mutter an der genannten Klinik erliegt der Krankheit im Wochenbett. Wer es sich leisten kann, entbindet sein Kind unter ärztlicher Aufsicht zu Hause, da sonst das Risiko, sich selbst und sein Neugeborenes zu infizieren und dem Puerperalfieber zum Opfer zu fallen, schlichtweg zu groß ist. Doch die Sterblichkeitsrate hatte nicht immer solche hohen Ausmaße angenommen. Über vier Jahrzehnte hinweg nach der Gründung des Wiener Allgemeinen Krankenhauses mit seiner geburtsmedizinischen Station starben im Durchschnitt nur 1,25% der Mütter. In den 1820er Jahren stieg die Rate nach der Einführung von Sezierübungen an Leichen plötzlich sprunghaft an. Im Oktober 1842 erreichte die Zahl der am Kindbettfieber verstorbenen Frauen, die in der Wiener Gebärklinik entbunden hatten, mit 29,3% den höchsten Stand. Die Zahlen änderten sich, als die Medizinstudenten per Regierungsbeschluss der ersten Abteilung und die Hebammen der zweiten Abteilung zugewiesen wurden, da nun die Infektionsrate auf der Hebammenstation mit 3,38% nur ein Drittel der 9,92% der ersten Klinik betrug.[5]

Die Wiener Geburtsklinik war damals mit jährlich 3000 bis 4000 Geburten die größte der Welt. Mit dieser Ausgangssituation sah sich der aus Ofen (Budapest) stammende, 28-jährige Ignaz Semmelweis konfrontiert, als er 1846 seine Assistenzzeit nach

---

[4] nach Int. [12] Austria-Forum
[5] nach Lit. [1] S.195ff.

dem Medizinstudium in Wien und Budapest antrat. Die Disparität der Statistiken der beiden Stationen weckten sein Interesse, da sie nicht im Einklang mit der weit verbreiteten Epidemienlehre, deren Charakteristika im Folgenden dargestellt werden, standen. Ignaz Semmelweis wurde als sehr empfindsamer Mensch beschrieben, den das Leid, welches das Kindbettfieber anrichtete, stark bewegte. Deshalb begann er die Ursachen der Krankheit, an der so viele junge Mütter starben, zu erforschen.[6]

2.2 Ursachen der hohen Infektionsrate

Aufgrund der damaligen Unkenntnis der Krankheitsübertragung durch Mikroorganismen versuchten die Ärzte sich die Verbreitung des Kindbettfiebers mit anderen Theorien zu erklären. Zunächst wurden psychische Beeinträchtigungen der Frauen in Erwägung gezogen, darunter die Angst vor der Geburt oder das Schamgefühl gegenüber den meist männlichen Ärzten. Dieses Argument wurde durch die Tatsache entkräftet, dass bei den bei wohlhabenden Familien üblichen Hausgeburten ebenfalls männliche Geburtshelfer anwesend waren und das Risiko, hierbei am Kindbettfieber zu erkranken, deutlich niedriger war. Eine andere ungewöhnliche Vorstellung waren ‚kosmisch-tellurische' Faktoren, also klimatisch bedingte Umweltgegebenheiten, welche die Patientinnen schwächen und damit empfänglicher für Krankheiten machen sollten. Die weit verbreitete Annahme der Existenz eines ‚Miasmas' beschrieb bereits eine konkretere Ursache, demnach sollte ein krankheitsauslösendes Gift in der Atmosphäre für die Erkrankungen verantwortlich sein.[7]

Auffällig war, dass an der zweiten Geburtsklinik in Wien, deren Räume sich in direkter Nachbarschaft zur ersten Klinik befanden, deutlich weniger Mütter am Puerperalfieber starben. Somit konnten die Standortfaktoren als Krankheitsursache ausgeschlossen werden. Ein weiterer Unterschied zwischen den Geburtsstationen war die Belegschaft, denn in der ersten Klinik wurden die Medizinstudenten unterrichtet, während auf der benachbarten Station Hebammen ausgebildet wurden. Die Mütter an der Studentenklinik erkrankten bettreihenweise, wobei an der Hebammenklinik nur vereinzelte Krankheitsfälle verzeichnet wurden. Außerdem infizierten sich Schwangere, deren Geburt länger dauerte, öfter als diejenigen, die gleich nach der Einlieferung entbunden hatten. Zunächst wurden die ausländischen Medizinstudenten durch eine eigens eingesetzte Kommission zur Aufklärung der hohen Mortalitäts-

---

[6] nach Lit. [2] S.186; S.189ff.
[7] nach Lit. [10] S.129f.

rate verantwortlich gemacht, welchen dann der Zugang zur Gebärklinik verwehrt wurde. Dadurch sank die Sterberate natürlich, da die Patientinnen seltener untersucht wurden, was die Kommission fälschlicherweise in ihrem Verdacht bestätigte. Die Schuld der Gaststudenten bestand lediglich in den Bemühungen, möglichst viel Praxiserfahrung zu sammeln, wohingegen die einheimischen Studenten während des Unterrichts keine Notwendigkeit sahen, ebenfalls medizinischen Tätigkeiten nachzugehen.[8]

Ignaz Semmelweis beobachtete auch die Erkrankung der Neugeborenen, die ebenfalls an hohem Fieber litten und unter ähnlichen Umständen verstarben wie ihre Mütter. Durch diese Erkenntnisse bestätigte sich seine Vermutung, dass der krankheitsauslösende Stoff von Mensch zu Mensch übertragen werden musste.[9]

Der sprichwörtliche Groschen fiel, als der befreundete Gerichtsmediziner Dr. Jakob Kolletschka bei einer Leichenöffnung mit einem verunreinigten Seziermesser verletzt wurde und kurz darauf starb. Da ihm der Tod des Freundes nahe ging, studierte Semmelweis das Obduktionsprotokoll mehrfach und entdeckte dabei, dass Kolletschka dieselben Symptome wie die Opfer des Kindbettfiebers aufwies. Durch dieses Schlüsselerlebnis erkannte Semmelweis den Zusammenhang zwischen dem direkten Blutkontakt mit Leichenteilen und der Infektion der Patientinnen bei Untersuchungen, die direkt nach einer Sektion durchgeführt wurden. Die Ursache der Erkrankung musste an den Händen der behandelnden Ärzte und ihrer Schüler liegen, da sie sich tagtäglich zu Lehrzwecken mit Leichenöffnungen beschäftigten. Sie wuschen sich zwar ihre Hände danach, ihnen haftete dennoch ein unangenehmer Geruch an, der ein Indiz für die mangelhafte Reinigung war. Die Hebammenschülerinnen besuchten jedoch keine Sektionsübungen, weshalb diese Art der Übertragung auf ihrer Station ausgeschlossen war. Dadurch wurde klar, dass die Ärzte durch die unmittelbare Abfolge von Leichensektionen und Visiten die Ursache der Übertragung des Kindbettfiebers waren, welche sie zuvor mit verharmlosenden Erklärungen abzuweisen versucht hatten.[10]

---

[8] nach Lit. [8] S. 693f.
[9] nach Lit. [10] S.131
[10] nach Lit. [2] S.192f.

2.3 Empfehlung zur Händedesinfektion

Aus seinen Erkenntnissen zog Semmelweis den Schluss, dass das Kindbettfieber eine Blutvergiftung war, die durch die in das Gefäßsystem eingebrachten Leichenteilchen verursacht wurde. Dabei handelte es sich nicht um eine spezifische Krankheit der Wöchnerinnen wie ursprünglich angenommen, denn sie konnte auf jeden Menschen übertragen werden.[11] Seiner Theorie nach muss diese Übertragung durch Desinfektionsmaßnahmen, die das ‚Leichengift' vernichteten, erfolgreich eingedämmt werden. Zunächst arbeitete Ignaz Semmelweis mit einer Seifenlösung und benutzte eine Nagelbürste, um sich des infektiösen Stoffes zu entledigen. Diese Methode schien nicht den erhofften Erfolg zu bringen, weshalb er sich nach der Erprobung einiger Chemikalien zunächst für die Verwendung von Chlorkalk entschied. Später stellte er in der ersten Gebärklinik Schalen mit einer wässrigen Chlorkalklösung, auch Chlorwasser genannt, auf, in welchen die Ärzte, Studenten und sämtliches Personal die Hände vor und nach der Behandlung jedes Patienten desinfizieren mussten. Nach der Anordnung der Händewaschung sank die Sterberate von 18% im April 1847 innerhalb von drei Monaten auf ca. 1%, vergleichbar mit den Statistiken der zweiten Gebärklinik.[12] Sein Erfolg wurde jedoch durch den unglücklichen Umstand, dass zeitgleich eine neue Lüftungsanlage in der Geburtsklinik installiert wurde, geschmälert,

da sich die Geburtshelfer die rückläufigen Erkrankungszahlen nach der alten Epidemienlehre durch die bessere Luftzufuhr erklärten.[13]

Der Bekanntheit der Chlorwaschung tat dies zunächst keinen Abbruch, da sie probeweise an mehreren europäischen Geburtskliniken eingeführt wurde. Aufgrund der teilweise widersprüchlichen Resultate, vermutlich durch die fehlende Anleitung und dadurch fehlerhafte Anwendung verursacht, entstanden allerdings Zweifel an der Effektivität der Semmelweis'schen Methode.[14]

2.4 Reaktionen auf Semmelweis' Erfindung

Die Vertreter der in der ersten Hälfte des 19. Jahrhunderts entstandenen Bewegung der *jüngeren Wiener Medizinischen Schule*, auch *„anatomische Klinik"* genannt, arbeiteten gegensätzlich zu der vorher meist spekulativen Diagnostik. Deshalb unter-

---

[11] nach Lit. [2] S.192f.
[12] nach Lit. [3] S.93; S.95f.
[13] nach Lit. [10] S.132
[14] nach Lit. [7] S.254

stützten sie Semmelweis in seiner kausalen Erklärung der Übertragung des Kindbettfiebers. Ihre Hauptvertreter waren die Mediziner Carl von Rokitansky, Joseph Skoda
und Ferdinand von Hebra.[15] Letzterer drängte Semmelweis dazu, seine Theorie zu
publizieren. Da sich der ungarische Arzt aufgrund einer gescheiterten Studie über die
Wirkung des Desinfektionsmittels weigerte, verfasste Hebra im Herbst 1847 selbst
einen Artikel für das wissenschaftliche *Journal der Wiener medizinischen Fakultät*, in
dem er die Erfolge der Semmelweis'schen Theorie anpries und mit zahlreichen Aufzeichnungen der Kliniken belegte sowie die Bestätigung der Richtigkeit der Erkenntnisse aus dem Ausland erwähnte. Die Zahl der Anhänger seiner Lehre bezifferte der
Erfinder der Desinfektion mit 28, sodass deutlich wird, welche Ablehnung er zwangs-
läufig durch die übrigen Ärzte seines Fachgebiets erfahren hatte.[16]

Einer der größten Gegner von Ignaz Semmelweis war Prof. Klein, Chefarzt der Wiener Gebärklinik und Anhänger der *älteren Wiener Schule*, da er die Lehre seines As-
sistenten nicht akzeptierte und vor allem nach einem Konflikt über den Erfolg der neu
eingeführten Chlorwaschungen versuchte, seine Arbeit möglichst effektiv zu behin-
dern. Ein Beleg dafür war der auslaufende Dienstvertrag des mittlerweile 31-
Jährigen, der auf Zutun von Klein entgegen üblicher Praxis nicht verlängert wurde.
Diese Abweisung veranlasste den ungarischen Arzt überstürzt abzureisen und wieder in seine Heimatstadt Budapest zurückzukehren, womit er seine Freunde und
Förderer Hebra und Skoda schwer vor den Kopf stieß.[17] Nach zwei Jahren der Ar-
beitslosigkeit und unentgeltlicher Arbeit wurde Semmelweis Leiter der geburtshilfli-
chen Abteilung des St.-Rochus-Spitals. Er erhielt aber nach wie vor kein Gehalt für
seine Tätigkeit, weshalb er zusätzlich eine Privatpraxis führte. Die Stelle bot ihm allerdings die Möglichkeit, in der Klinik ebenfalls Chlorwaschungen einzuführen,
wodurch die durch das Kindbettfieber verursachte Mortalitätsrate dauerhaft unter 1%
blieb. Diese Maßnahme wurde von seinen Kollegen und dem Personal als lästig und
unnötig empfunden, weshalb Semmelweis Opfer zahlreicher Anfeindungen wurde.
1855 bekam Ignaz Semmelweis eine Professur am Lehrstuhl der Geburtshilfe, was
als Anerkennung seiner Tätigkeit zu deuten ist, und senkte in der zugehörigen Gebärklinik die Sterblichkeitsrate durch das Kindbettfieber trotz der erbärmlichen Zu-
stände auf 0,4%. Da sich der Erfinder des Desinfektionsmittels trotzdem noch wei-

---

[15] nach Lit. [8] S.693
[16] nach Lit. [10] S.132; S.134f.
[17] nach Lit. [2] S.195f.

gerte, seine Ergebnisse zu veröffentlichen, schrieb einer seiner Mitarbeiter einen Bericht an die *Wiener medizinische Wochenschrift*, dem jedoch ein vom Herausgeber verfasster Anhang hinzugefügt wurde, welcher den Erfolg der Semmelweis'schen Lehre in Verruf brachte und somit den Professor verärgerte. Dies bewog Ignaz Semmelweis dazu, seine Theorie öffentlich zu verteidigen, indem er mehrere Vorträge hielt und 1861 schließlich sein bekanntestes Werk veröffentlichte: *„Die Ätiologie, der Begriff und die Prophylaxis des Kindbettfiebers"*. Neben den Ausführungen über die Lehre der Desinfektion und der Würdigung deren Anhänger nahm die Kritik an seinen Gegnern großen Raum ein, weshalb das Werk entgegen seiner Erwartungen von den führenden Ärzten der Frauenheilkunde mit Ablehnung aufgenommen wurde. Vor allem einer der bekanntesten Geburtshelfer Europas, der Würzburger Professor Friedrich Wilhelm Scanzoni, wurde Opfer der scharfen Attacken und polemischen Äußerungen des Verfassers. Die Ablehnung seiner Theorie durch anerkannte Autoritäten seines Fachs hemmten die allgemeine Akzeptanz und die Durchführung der Chlorwaschungen. Dies erzürnte den Erfinder des Desinfektionsmittels so sehr, dass er zwei offene Briefe verfasste, die direkt an seinen Hauptwidersacher gerichtet waren. Darin bezichtigte er Scanzoni des Mordes, sollte er sich weiterhin gegen die Anwendung des Chlorwassers sträuben.[18]

Die Ablehnung der Theorie und der Empfehlung zur desinfizierenden Händewaschung scheint jedoch nur verständlich, da sich die Ärzte nicht eingestehen wollten, eigenhändig für den frühzeitigen Tod so vieler Frauen verantwortlich zu sein. Diese ablehnende Haltung zeigten sie allerdings oft nur nach außen hin und wendeten die Waschung mit Chlorwasser im Geheimen an, da sie fürchteten, ihr Gesicht zu verlieren, sollten sie sich öffentlich zu Ignaz Semmelweis bekennen.[19] Doch nicht nur Semmelweis' Gegner haderten mit der Akzeptanz der Schuldzuweisung, auch Gustav Adolf Michaelis, Direktor des Kieler Gebärhauses, wurde dieses Bewusstsein zum Verhängnis. Er ordnete die Chlorwaschungen in seiner Klinik ebenfalls für alle Geburtshelfer an, kurz vor der Einführung dieser Maßnahme hatte er jedoch seine Nichte entbunden, die anschließend am Kindbettfieber erkrankte und starb. Als er erkannte, dass er eigenhändig seine Verwandte und viele andere Frauen angesteckt hatte, nahm er sich das Leben.[20]

---

[18] nach Lit. [10] S.133-136
[19] nach Lit. [7] S.266f.
[20] nach Lit. [10] S.132f.

2.5 Psychische Erkrankung und Tod

Auch Semmelweis litt unter dem Wissen, selbst Mütter mit dem Puerperalfieber infiziert zu haben, da er jeden Morgen gemäß der *anatomischen Klinik* Leichen seziert hatte, um der Ursache der Krankheit auf den Grund zu gehen. Zusätzlich plagte ihn die Schuld, durch die verspätete und unzureichende Publikation seiner Theorie unzählige Menschenleben auf dem Gewissen zu haben. Aufgrund dessen griff er 1862 in einem weiteren offenen Brief sämtliche Professoren der Geburtshilfe an, indem er bei weiterem Boykott seiner Entdeckung drohte, die Bevölkerung von dieser Entwicklung in Kenntnis zu setzen und gegen die Geburtshelfer aufzuhetzen.[21] Die anstößige Sprache der Publikationen von Ignaz Semmelweis war vermutlich ein frühes Zeichen einer psychischen Erkrankung und führte zum Entzug seiner Professur in Budapest.[22]

Die Quellen streiten sich um die tatsächliche Gestalt und Ausprägung dieser Krankheit, laut dem ungarischen Arzt Georg Sillo-Seidl heißt es, Semmelweis sei durch den psychischen Druck von seinen Gegnern in den Wahnsinn getrieben worden. Es ist sogar die Rede von einem Komplott, der im Juli 1865 zur Einweisung in die psychiatrische Klinik in Döbling, Österreich führte. Diese These erscheint jedoch fraglich, Medizinhistoriker vermuten, die wahre Ursache seines Verhaltens sei eine Syphilis- oder Alzheimererkrankung gewesen. Auch die Todesumstände von Ignaz Semmelweis, der zwei Wochen nach der Einlieferung in der damals noch als ‚Irrenanstalt' bezeichneten Einrichtung im Alter von 47 Jahren verstarb, sind ungeklärt. Eine durch Syphilis ausgelöste, tödliche Paralyse, eine Blutvergiftung nach einer Verletzung am Finger oder eine eitrige Infektion sind mögliche Todesursachen. Sogar der Vorwurf schwerer Misshandlung durch das Pflegepersonal der Einrichtung steht im Raum. Aufgrund der Tatsache, dass sämtliche Aufzeichnungen und Befunde über die wahren Geschehnisse lange unter Verschluss gehalten wurden, konnten diese nicht mehr rekonstruiert werden. Obwohl Ignaz Semmelweis in großer Verbitterung durch die fehlende Anerkennung seiner Erfolge früh verstarb, setzte sich seine Theorie bald allgemein durch und sein Andenken wurde bewahrt. Durch die Entdeckung der Eiterbakterien durch Joseph Lister konnte die Infektionslehre analog auf Semmelweis' Erkenntnisse übertragen werden und bestätigten damit die Richtigkeit seiner

---

[21] nach Lit. [10] S.136f.
[22] nach Lit. [9] S.105

Vorgehensweise nach dem Prinzip der Kausalität der *jüngeren Wiener Schule*.[23] Davon profitierte er zwar nicht mehr, dennoch leistete er der Menschheit einen großen Dienst im medizinischen Fortschritt und ging als „Pionier der Hygiene" in die Geschichte ein.[24]

3 Inhaltsstoffe von Desinfektionsmitteln früher und heute

Das Verständnis der Desinfektion wurde durch Ignaz Semmelweis begründet und nach seinem Tod bereits im 19.Jahrhundert weiterentwickelt. So wurde der Begriff ‚Desinfektion' bereits im Jahre 1879 nicht mehr nur für die bloße Eliminierung der bereits vorhandenen Mikroorganismen verwendet, sondern auch für die prophylaktische Anwendung in Risikobereichen. Bemerkenswert ist, dass den Forschern damals durchaus bewusst war, dass sie die tatsächliche Gestalt der Krankheitserreger noch nicht identifizieren konnten, weshalb stets Umschreibungen wie ‚Krankheitsgift' und ‚Ansteckungsstoff' benutzt wurden. Weiterhin war das Prinzip der Tröpfcheninfektion durch die Verbreitung in der Luft bzw. den direkten Kontakt mit Körperflüssigkeiten des Kranken bekannt. Aufgrund dessen wurde die Luft als wichtigstes Desinfektionsmittel bezeichnet, da sich die Erreger durch kräftiges Lüften verflüchtigen sollten und somit keine Ansteckungsgefahr mehr drohte.[25] Doch bereits damals war sich die Bevölkerung der Grenzen dieser Methode bewusst, weshalb chlorhaltige Substanzen, insbesondere Chlorkalk, als Allzweckmittel zur Desinfektion verwendet wurde. Chlor wird in seinen zahlreichen Darreichungsformen wegen seiner stark sporoziden Wirkung als mächtigstes Desinfektionsmittel beschrieben.[26] Chlorkalk ist ebenfalls vielseitig anwendbar, durch die Entwicklung von Chlorgas und der damit verbundenen Beeinträchtigung der Atmung ist dieser jedoch stark gesundheitsschädlich. Ein alternatives Mittel zur Behandlung der Hände und Instrumente nach Operationen war das Oxidationsmittel übermangansaures Kali, welches als 1%ige Lösung angewendet wurde. Es hinterließ allerdings eine bräunliche Färbung der Haut und war nicht zur großflächigen Anwendung geeignet.[27]

Bereits im frühen 20. Jahrhundert wurden Alkanole aufgrund ihrer besseren Hautverträglichkeit als Ersatz für Chlor als Wirkstoff in Desinfektionsmitteln in Betracht gezo-

---

[23] nach Lit. [10] S.137f.
[24] nach Lit. [6] S.208
[25] nach Lit. [5] S.7f.
[26] nach Lit. [4] S.76
[27] nach Lit. [5] S.9ff.

gen, ihre Effektivität war damals jedoch noch umstritten. Das Optimum des Wirkungsspektrums der verwendeten kurzkettigen Alkohole lag demnach bei ca. 40-50%, bei weiterer Erhöhung der Konzentration nahm die desinfizierende Wirkung allerdings wieder ab.[28] Heute ist bekannt, dass Konzentrationen von 60% bis 70% notwendig sind, um eine hohe Wirksamkeit zu erzielen, weshalb Alkohole bei gängigen Händedesinfektionsmitteln als Hauptbestandteil verwendet werden. Da die Funktion auf der Denaturierung von Proteinen beruht, wirken sie nur bakterizid, fungizid und begrenzt viruzid.[29] Um die schützende Hülle von Sporen zu durchdringen, braucht es eine lange Einwirkzeit, was bei der Anwendung auf der Haut nicht möglich ist. Deshalb werden für eine besonders gründliche Desinfektion, beispielsweise auf Oberflächen und Instrumenten in Krankenhäusern, kleinste Mengen weiterer Wirkstoffe wie Oxidationsmittel und Säuren zugegeben, die sporozid wirken und somit ein breiteres Wirkungsspektrum erreichen. Da allerdings nicht nur die Wirksamkeit, sondern auch die Toxizität und damit die Verträglichkeit ein Kriterium für die Auswahl eines Desinfektionsmittels sind, werden je nach Anwendungsbereich verschiedene Kombinationen von Inhaltsstoffen eingesetzt.[30] Ein Beispiel dafür sind moderne Handdesinfektionsmittel, diese enthalten zusätzlich rückfettende Substanzen, um der Austrocknung der Haut vorzubeugen und diese dadurch zu schonen.[31]

4 Versuch zum alltäglichen Gebrauch von Desinfektionsmitteln

4.1 Material und Methoden

Zur Überprüfung der Wirksamkeit von Desinfektionsmittel wurde ein Versuch durchgeführt, bei dem ein ausgewähltes Präparat exemplarisch mit der Wirkung einer handelsüblichen sowie einer antibakteriellen Flüssigseife verglichen wurde (s. Abb. 3). Das verwendete Händedesinfektionsmittel der Marke *AVEO MED* wirbt mit einer Quote von 99,9% Beseitigung von Bakterien, Pilzen und speziellen Viren, welche laut Robert-Koch-Institut sämtlichen behüllten Viren entsprechen. Der Wirkstoff der Lösung und gleichzeitig deren Hauptbestandteil ist 2-Propanol, ein kurzkettiges Alkanol. Trotz der Zusammensetzung wird die Hautverträglichkeit als dermatologisch bestätigt beschrieben. Diesem Desinfektionsmittel wurde eine handelsübliche Flüssigseife

---

[28] nach Lit. [4] S.70f.
[29] nach Int. [11] Ankusan Tierhygiene
[30] nach Int. [15] Die Chemie-Schule
[31] nach Int. [18] MDR Sachsen

desselben Herstellers gegenübergestellt, die einen hautfreundlichen pH-Wert hat. Das dritte zu prüfende Präparat ist ein antibakteriell wirkendes Aktiv-Handwaschgel der Marke *sebamed*, welches einen pH-Wert von 5,5 hat und somit den natürlichen Säureschutzmantel der Haut unterstützt.[32]

Abb. 2: Rodac Abklatschplatte   Abb. 3: verwendete Präparate

Um die Effektivität der verschiedenen Handreinigungsmittel zu vergleichen, wurden die Probanden in drei Versuchsgruppen mit je 8 Personen eingeteilt. Die Proben wurden mithilfe von *Rodac Abklatschplatten*, welche eine konvexe Schicht Caso-Agar (Casein-Soja-Pepton-Agar) enthalten, genommen (s. Abb. 2).[33] Der Agar ist zusätzlich mit Enthemmern angereichert, um Rückstände von Desinfektionsmitteln zu inaktivieren. Zunächst wurde von jedem der 24 Versuchsteilnehmer eine Ver-gleichsprobe der unbehandelten Handfläche genommen, indem die Abklatschprobe 10 Sekunden lang mit gleichmäßigem Druck aufgelegt und anschließend verschlos-sen wurde (s. Abb. 4).[34] Dann folgte die Entnahme der eigentlichen Probe, nachdem der Proband seine Hände mit dem ihm zugeteilten Präparat behandelt hatte. Diese lief nach demselben Schema ab. Nach Abschluss der Probennahme wurden alle Nährbodenschalen für 24 Stunden bei 37°C im Inkubator bebrütet (s. Abb. 5). Da-nach wurden die fertig kultivierten Proben fotografiert und das Wachstum als auch die unterschiedlichen Arten der Kolonienbildung dokumentiert. Schließlich wurden die Abklatschplatten vorschriftsgemäß autoklaviert und entsorgt.

---

[32] nach Int. [20] sebamed
[33] nach Int. [13] Carl Roth
[34] nach Int. [23] Technolab GmbH

Abb. 4: Probennahme[35]   *Abb. 5: Inkubator*

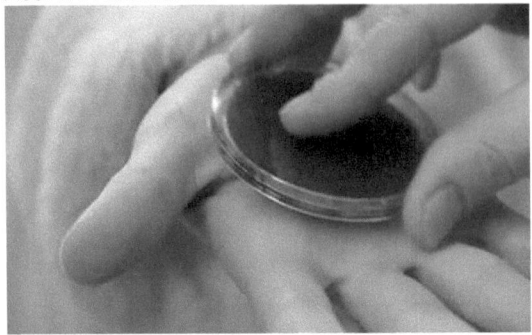 

4.2 Ergebnisdarstellung

Bei der Betrachtung der bebrüteten Nährbodenschalen ließen sich unterschiedliche Arten von kolonienbildenden Einheiten (KbE) feststellen, die in der folgenden Tabelle aufgeführt und charakterisiert sind.

Auftretende Kolonie	‚Flechten'	‚Pfützen'	‚Punkte'	‚kleine Pünktchen'
Form & Ausdehnung	großflächig, keine definierbare Form	großflächig, keine definierbare Form	rund, 5-7mm Durchmesser, verschwommene Ränder	rund, 0,5-2mm Durchmesser, klar abgegrenzter Rand
Relief	fadenförmige Erhebungen	flach	flach	flach
Farbe	Fäden weiß, übrige Fläche durchsichtig	variiert von durchsichtig bis kaum erkennbar	variiert von hellgrau bis nahezu durchsichtig	hellgrau
Anordnung			vereinzelt	vereinzelt, aber auch in Gruppen
Beispiel	 Abb. 6: Flechten	Abb. 7: Pfützen	Abb. 8: Punkte	Abb. 9: kleine Pünktchen

Tabelle 1: Optische Auswertung

---

[35] Int. [14] Das Erste

Da die verschiedenen Kolonien flächenmäßig nicht vergleichbar sind, kann das Auftreten der verschiedenen Arten hinsichtlich der Häufigkeit nur schwer abgebildet werden. Daher trifft das in den folgenden Diagrammen dargestellte Vorkommen keine Aussage über die tatsächliche Häufigkeit der Kolonien auf einer Platte, sondern nur über das Vorhandensein oder die Abwesenheit der jeweiligen Form.

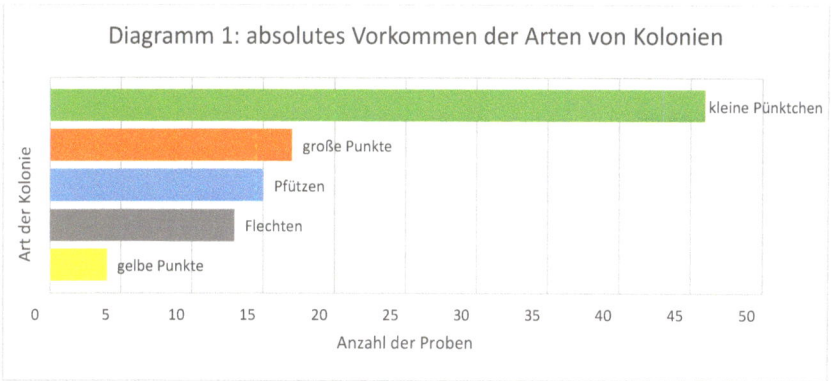

Diagr. 1

Die kleinen Pünktchen sind mit Abstand am häufigsten vertreten (s. Diagr. 1), da sie bei jedem Probanden vorher auftraten (s. Diagr. 2) und nur nach Anwendung des Desinfektionsmittels bei zwei Proben vollständig entfernt wurden. Die übrigen der in Tabelle 1 aufgeführten Kolonienarten sind jeweils auf ungefähr jeder dritten Nährbodenschale vorhanden (s. Diagr. 1).

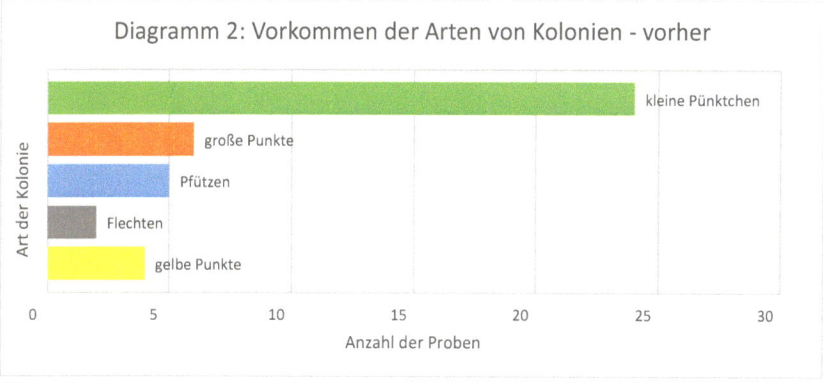

Diagr. 2

Eine weitere, in Tabelle 1 nicht aufgeführte Kolonienform sind hellgelbe Pünktchen, die allerdings nur bei 4 von 24 Probanden und ausschließlich vor der Behandlung der Handflächen auftraten (s. Diagr. 2).

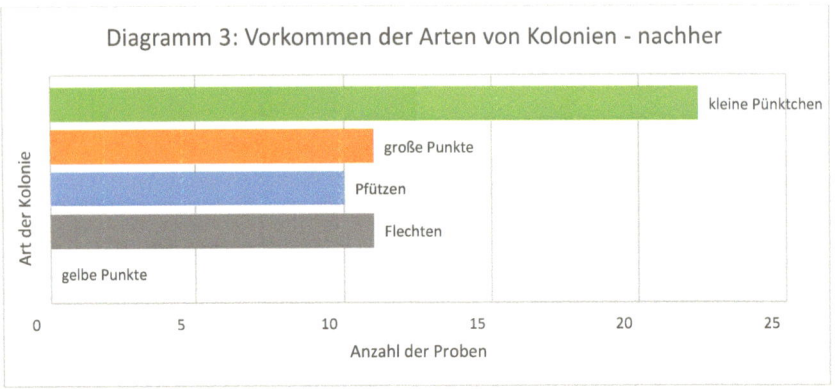

Diagr. 3

Bei ca. 80% der Proben traten nach der Anwendung des zugeteilten Mittels zusätzliche Kolonienarten auf, die vorher nicht vorhanden gewesen sind. Ein Beispiel dafür sind die Versuchsgruppen, die eine der Seifen angewendet haben, da hier jeweils 87,5% der Proben nach der Behandlung mit Flechten und Pfützen überlagert sind, im Gegensatz dazu nach der Anwendung des Desinfektionsmittels aber nur 3 von 8. Dadurch findet bei der Auszählung im Vergleich zu den vorher angefertigten Proben eine Verdopplung der großen Punkte und Pfützen sowie eine Verfünffachung der Flechten statt (s. Diagr. 3). Die restlichen Kolonien sind jedoch darunter sicht- und zählbar, weshalb dies das Ergebnis nur geringfügig beeinflusst.

Die im Folgenden zur quantitativen Auswertung aufgeführten absoluten Häufigkeiten der Kolonien liefern nur eine Aussage über die Anzahl der Mikroorganismen, die auf die Probe übertragen wurden, nicht jedoch über die bewachsene Fläche, da die verschiedenen Kolonienarten unterschiedliche Ausdehnungen aufweisen.

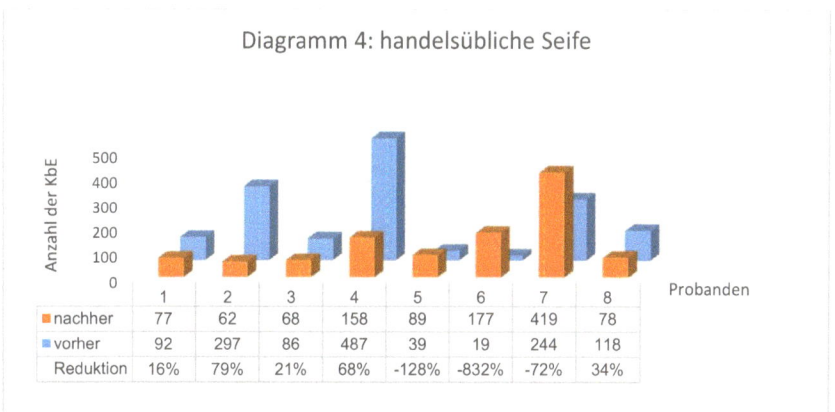

	1	2	3	4	5	6	7	8
■ nachher	77	62	68	158	89	177	419	78
■ vorher	92	297	86	487	39	19	244	118
Reduktion	16%	79%	21%	68%	-128%	-832%	-72%	34%

Diagr. 4

Bei knapp der Hälfte der Probanden, die eine der beiden Seifen angewendet haben, traten nach der Behandlung mehr Kolonien auf, als vorher (s. Diagr. 4 und Diagr. 5). Dies führte im Mittelwert zu einer Verdopplung bzw. Vervierfachung der Anzahl der kolonienbildenden Einheiten bei der handelsüblichen bzw. antibakteriellen Seife. Klammert man die Vervielfachung aus und betrachtet jeweils nur die Proben der Probanden, bei denen eine Reduktion beobachtet werden konnte, so liegt die Reduktionsrate bei 44% bzw. 61%.

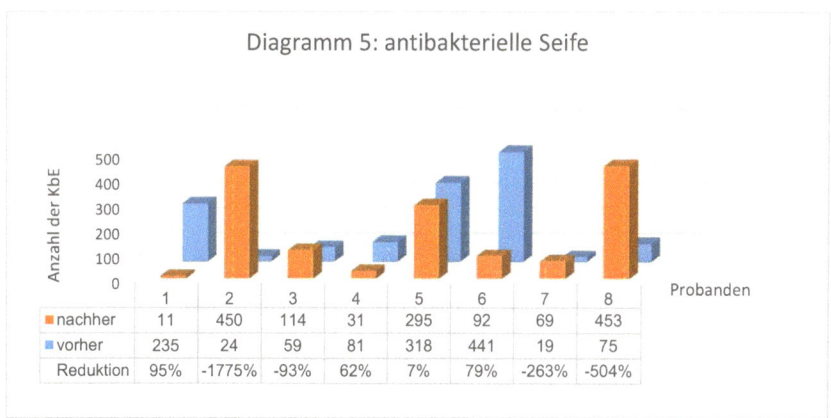

	1	2	3	4	5	6	7	8
■ nachher	11	450	114	31	295	92	69	453
■ vorher	235	24	59	81	318	441	19	75
Reduktion	95%	-1775%	-93%	62%	7%	79%	-263%	-504%

Diagr. 5

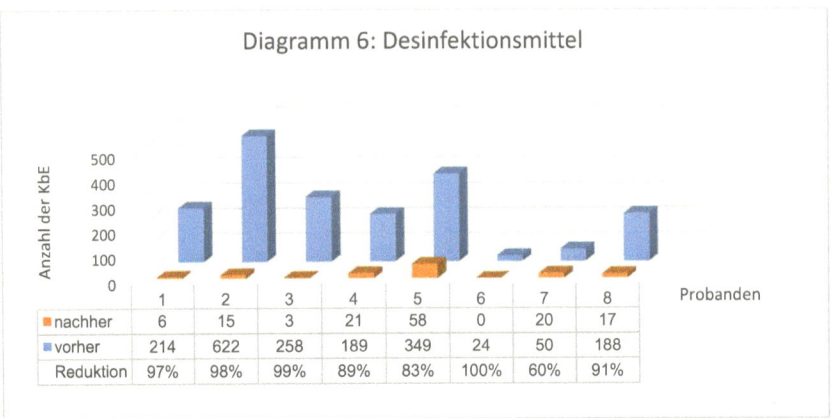

Diagramm 6: Desinfektionsmittel

	1	2	3	4	5	6	7	8	Probanden
■ nachher	6	15	3	21	58	0	20	17	
■ vorher	214	622	258	189	349	24	50	188	
Reduktion	97%	98%	99%	89%	83%	100%	60%	91%	

Diagr. 6

Das Desinfektionsmittel hingegen reduzierte die Anzahl der Mikroorganismen bei jedem Probanden, im Schnitt konnte hier eine Reduktionsrate von 90% festgestellt werden, die in einem realistischen Verhältnis zu der auf dem Etikett beworbenen 99%-igen Entfernungsrate steht (s. Diagr. 6).

4.3 Diskussion der Versuchsergebnisse

Da die kleinen hellgrauen Pünktchen auf nahezu jeder Probe nachgewiesen werden konnten, sind diese vermutlich ungefährlich und dementsprechend weit verbreitet. Ein mögliches Beispiel sind E. coli-Bakterien, die normalerweise im Darm von Mensch und Tier vorkommen und in den meisten Fällen apathogen sind.[36]

Die gelben Pünktchen weisen wiederum ein gegenteiliges Bild auf, da sie nur selten auftraten und möglicherweise krankheitserregend sein könnten. Sie wurden jedoch von jedem Handreinigungsmittel erfolgreich entfernt.

Die Überlagerung der üblichen punktförmigen Kolonien durch die Pfützen und Flechten kann auf eine Verunreinigung des zur Anwendung der Seifen verwendeten Leitungswassers zurückgeführt werden, da diese auf den Nährbodenschalen der Versuchsgruppen ‚handelsübliche Seife' und ‚antibakterielle Seife' nach Behandlung der Handflächen häufiger auftraten als beim Desinfektionsmittel. Eine weitere Möglichkeit sind nicht entfernte Rückstände der Seifen, da der verwendete Agar nur Enthemmer

---

[36] nach Int. [17] Focus online

für Desinfektionsmittel enthielt und dieses neutralisiert wurde, die Seifen jedoch nicht.

Die Disparität der Reduktionsraten der Seifen und dem Desinfektionsmittel kann durch die unterschiedliche Wirkungsweise erklärt werden. Während bei der Anwendung von Seife die Mikroorganismen mechanisch von der Haut gelöst und durch Wasser abgespült werden, tötet der alkoholische Wirkstoff des Desinfektionsmittels die Erreger tatsächlich ab und entfernt sie somit chemisch. Dabei wird ein deutlich höherer Wirkungsgrad erzielt, allerdings führt die dadurch verursachte Abwesenheit von nützlichen Mikroorganismen zur Verkümmerung des Immunsystems und bietet somit eine bessere Angriffsfläche für Krankheitserreger, weshalb diese Methode im privaten Bereich nicht empfehlenswert ist.[37]

Die Vervielfachung der Kolonienanzahl nach Verwendung der Seifen scheint stark vom Anwender abzuhängen, da sie bei einzelnen Probanden, die ihre Hände vermutlich nur oberflächlich gewaschen haben und die Keime dadurch weiter verteilt haben, extrem hoch war. Andere Versuchspersonen wiederum konnten auch mithilfe der Seifen eine deutliche Reduktion der Keimzahl erreichen, da sie die Waschung gründlicher durchgeführt haben. Dennoch ist zu häufiges Händewaschen schädlich, da Seifen den Säureschutzmantel der Haut zerstören und dabei ohnehin nicht alle Keime inaktivieren können.[38] Daher sollte man sich auf gewisse Anwendungsbereiche und –zeiten beschränken wie beispielsweise vor dem Essen oder nach dem Toilettengang.

Von der Verwendung von antibakteriellen Seifen ist grundsätzlich abzuraten, da die Vervielfachung der Keimzahl hier besonders hoch war und diese nachweislich gar keine beziehungsweise nur kurzzeitig Bakterien inaktivieren, gleichzeitig jedoch die Entstehung von Allergien fördern und ebenfalls das Immunsystem schwächen.[39]

Der Umstand, dass die Proben nur quantitativ und nicht qualitativ analysiert wurden, relativiert dennoch das gute Ergebnis des Desinfektionsmittels. Die absolute Anzahl der Kolonien und damit der lebensfähigen Mikroorganismen auf den Händen konnte zwar reduziert werden, dies trifft jedoch keine Aussage über die Gefahr, die von diesen vermeintlichen Krankheitserregern ausgeht. Daher sollte die Anwendung von desinfizierenden Mitteln auf bestimmte Bereiche und Berufsgruppen eingeschränkt

---

[37] nach Int. [18] MDR Sachsen
[38] nach Int. [18] MDR Sachsen
[39] nach Int. [19] MedizinAuskunft

werden, in denen tatsächlich eine aseptische Umgebung notwendig ist wie zum Beispiel in Krankenhäusern und Arztpraxen.

5 Potenzielle Gefahr der Entstehung von multiresistenten Keimen

In deutschen Krankenhäusern sterben trotz der strikten Hygienevorschriften jährlich 10.000 bis 15.000 Menschen an einer Infektion mit sogenannten Krankenhauskeimen. Diese multiresistenten Keime sind Bakterienstämme, die durch den Kontakt mit antibiotischen Wirkstoffen Resistenzen gegen diese entwickelt haben. Infiziert sich nun ein Mensch mit diesem Krankenhauskeim zeigt kein Antibiotikum mehr Wirkung, sodass die Heilung nur durch körpereigene Abwehr gewährleistet werden kann. Deshalb sind vor allem Patienten, die ohnehin ein geschwächtes Immunsystem haben, stark gefährdet.[40] Momentan sind nur eine Handvoll antibiotischer Wirkstoffe bekannt, aber die Mikroorganismen sind uns durch ihre rasche, exponentielle Vermehrung in puncto Anpassungsfähigkeit weitaus überlegen, und sie entwickeln schneller Resistenzen gegen Wirkstoffe als neue Antibiotika hergestellt werden können. Diese Fähigkeit wird durch den Austausch von Plasmiden zwischen Bakterien möglich gemacht, auf denen das Gen liegt, dass die Resistenz verursacht. Beim Kontakt von Keimen mit verschiedenen Resistenzgenen können diese untereinander Plasmide übertragen und mutieren so zu multiresistenten Erregern.[41]

Eine Forschergruppe der National University of Ireland hat jedoch festgestellt, dass nicht nur der übermäßige Einsatz von Antibiotika schuld an der Resistenzbildung ist, auch die Verwendung von Desinfektionsmittel führt zur Abwehrreaktion der Erreger. Denn bei der falschen Anwendung, zum Beispiel bei Mitteln mit zu niedriger Wirkstoffkonzentration, werden die Erreger nicht abgetötet, sondern passen sich an die Umstände an und bilden somit Resistenzen aus. Gleichzeitig entwickelte der in der Studie untersuchte Bakterienstamm *Pseudomonas aeruginosa*, ein häufig auftretender und gefährlicher Krankenhauskeim, eine Resistenz gegen das Antibiotikum Ciprofloxacin, obwohl es nie in Kontakt mit dieser Substanz gekommen war.[42] Diese Entwicklung sollte mit Sorge betrachtet werden, da Desinfektionsmittel vor allem in Kliniken großflächig angewendet werden und somit die Bildung von multiresistenten Keimen fördern, was als positive Rückkopplung zu betrachten ist. Deshalb muss die

---

[40] nach Int. [22] Spiegel online
[41] nach Int. [21] Spiegel online
[42] nach Int. [22] Spiegel online

Anwendung von Desinfektionsmitteln immer weiter optimiert und dadurch reduziert werden, damit eine gezielte Wirkung ohne unerwünschte Nebeneffekte erreicht wird.

6 Anhang

6.1 Quellen

[1] J. Antall, Klassiker der Medizin II - Von Philippe Pinel bis Viktor v. Weizsäcker, Bd. 2, D. v. Engelhardt und F. Hartmann, Hrsg., München: Verlag C. H. Beck, 1991.

[2] M. Bill, H. v. Ditfurth, H. Helbling und u.a., Die Grossen der Weltgeschichte, Bd. Band VIII Darwin bis Nietzsche, K. Fassmann, Hrsg., Zürich: Kindler Verlag AG Zürich, 1977.

[3] I. Benedek, Ignaz Philipp Semmelweis: 1818 - 1865, Budapest: Hermann Böhlaus Nachf. Gesellschaft m. b. H. Wien-Köln-Graz, 1983.

[4] M. Christian, Desinfektion, Leipzig: G.J. Göschen'sche Verlagshandlung, 1911.

[5] verfasst im Auftrage der Conferenz der Medizinal-Beamten des Regierungs-Bezirks Düsseldorf, Anweisung zur Desinfektion: zum Gebrauch in Kranken-Anstalten, Armen- und Waisenhäusern, Gefängnissen, Erziehungs-Anstalten, Schulen, Fabriken, Gasthöfen u. dergl., sowie für Polizei-Behörden, Kranken-Pflege, Heildiener, Hebammen u. dergl., Oberhausen; Leipzig: Spaarmann, 1879.

[6] A. Durnová, In den Händen der Ärzte: Ignaz Semmelweis - Pionier der Hygiene, St. Pölten; Salzburg; Wien: Residenz Verlag, 2015.

[7] H. Enders, Würzburger medizinhistorische Forschungen, Bd. 86, M. Stolberg und G. Keil, Hrsg., Würzburg: Verlag Königshausen & Neumann GmbH, 2005.

[8] D. G. Stangler, D. A. Saliger, I. Eder und u.a., Kunst des Heilens: Aus der Geschichte der Medizin und Pharmazie, Wien: Amt der Niederösterreichischen Landesregierung, Abt. III/2 - Kulturabteilung, 1991.

[9] F. M. Wuketits, Der Tod der Madame Curie: Forscher als Opfer der Wissenschaft, München: Verlag C. H. Beck, 2003.

[10] H. Zankl, Kampfhähne der Wissenschaft: Kontroversen und Feindschaften, Weinheim: Wiley-VCH Verlag GmbH & Co KGaA, 2012.

[11] "Ankusan Tierhygiene vom Fachmann," Tierärztliche Gemeinschaftspraxis Dres. Arnold, [Online] http://www.labor-arnold.de/arten-von-desinfektionsmitteln.html [Zugriff am 03. Oktober 2017]

[12] H. M. Wolf, "Austria-Forum," 26. April 2015 [Online] https://austria-forum.org/af/Wissenssammlungen/ABC_zur_Volkskunde_%C3%96sterreichs/Fiaker [Zugriff am 16. August 2017]

[13] „Carl Roth," Carl Roth GmbH+Co. KG, April 2017 [Online] https://www.carlroth.com/downloads/ba/en/X/BA_X937_EN.pdf [Zugriff am 31. Juli 2017]

[14] S. Guth, "Das Erste," Bayerischer Rundfunk, 29. Mai 2013 [Online] http://www.daserste.de/information/wissen-kultur/w-wie-wissen/sendung/bakterien-110.html [Zugriff am 09. Oktober 2017]

[15] "Die Chemie-Schule," Hans-Peter Willig, 24. Januar 2013 [Online] https://www.chemie-schule.de/KnowHow/Desinfektion [Zugriff am 03. Oktober 2017]

[16] "fineartamerica," Fine Art America, 07. März 2013 [Online] https://fineartamerica.com/featured/1-ignaz-semmelweis-hungarian-science-source.html [Zugriff am 09. Oktober 2017]

[17] J. Bidder, "FOCUS Online," FOCUS Online Group GmbH, 16. Oktober 2010 [Online] http://www.focus.de/gesundheit/arzt-klinik/klinik/tid-9022/von-norovirus-bis-

salmonellen_aid_262417.html [Zugriff am 30. September 2017]

[18] "MDR Sachsen," ARD, 05. Mai 2017 [Online] http://www.mdr.de/sachsen/leipzig/welttag-der-handhygiene-in-leipzig100.html [Zugriff am 03. Oktober 2017]

[19] "MedizinAuskunft," Berliner Ärzte-Verlag GmbH, 17. November 2004 [Online] http://www.medizinauskunft.de/artikel/wohlfuehlen/wellness/17_11_zuviel_hygiene.php [Zugriff am 03. Oktober 2017]

[20] "sebamed," Sebapharma GmbH & Co. KG, [Online] http://www.sebamed.de/wissenswert/ph-wert-55/ [Zugriff am 11. Juli 2017]

[21] H. Le Ker, "SPIEGEL ONLINE," SPIEGEL ONLINE GmbH, 04. Februar 2009 [Online] http://www.spiegel.de/wissenschaft/mensch/wirkungslose-antibiotika-leichtes-spiel-fuer-die-superkeime-a-604283.html [Zugriff am 02. September 2017]

[22] „SPIEGEL ONLINE," SPIEGEL ONLINE GmbH, 28. Dezember 2009 [Online] http://www.spiegel.de/wissenschaft/medizin/krankenhauskeime-desinfektionsmittel-koennen-antibiotika-resistenzen-ausloesen-a-669307.html [Zugriff am 02. September 2017]

[23] "Technolab GmbH," Technolab GmbH, [Online] http://www.techno-lab.de/naehrmedien/abklatschplatten_rodac.htm [Zugriff am 31. Juli 2017]

Rohdaten

x ≙ Kolonienart auf Probe vorhanden

Proband-Nr.	Vergleichs-proben-Nr.	Anzahl der KbE	kleine Pünkt-chen	große Punkte	Pfützen	Flechten	gelbe Kolonien
1)	06590	92	x				
2)	01189	297	x				
3)	01187	86	x	x			
4)	06630	487	x				
5)	06574	39	x			x	
6)	01209	19	x	x			
7)	01185	244	x				
8)	06586	118	x		x		

handelsübliche Seife – Vergleichsprobe (vorher)

Proband-Nr.	Proben-Nr.	Anzahl der KbE	kleine Pünkt-chen	große Punkte	Pfützen	Flechten	gelbe Kolonien
1)	06600	77	x	x			
2)	01197	62	x	x	x		
3)	06650	68	x	x			
4)	06642	158	x			x	
5)	06582	89	x	x			
6)	01213	177	x	x	x	x	
7)	01193	419	x	x	x		
8)	06596	78	x		x		x

handelsübliche Seife – Probe (nachher)

Proband-Nr.	Vergleichs-proben-Nr.	Anzahl der KbE	kleine Pünktchen	große Punkte	Pfützen	Flechten	gelbe Kolonien
1)	06604	235	x				
2)	06612	24	x				
3)	01217	59	x				
4)	06626	81	x				
5)	06618	318	x				x
6)	06570	441	x				x
7)	01201	19	x	x			
8)	06562	75	x	x			

antibakterielle Seife – Vergleichsprobe (vorher)

Proband-Nr.	Proben-Nr.	Anzahl der KbE	kleine Pünktchen	große Punkte	Pfützen	Flechten	gelbe Kolonien
1)	06608	11	x			x	
2)	06624	450	x	x	x	x	
3)	01221	114	x	x			
4)	06656	31	x	x	x	x	
5)	06660	295	x			x	
6)	06578	92	x			x	
7)	01205	69	x	x	x		
8)	06566	453	x			x	

antibakterielle Seife – Probe (nachher)

Proband-Nr.	Vergleichs-proben-Nr.	Anzahl der KbE	kleine Pünktchen	große Punkte	Pfützen	Flechten	gelbe Kolonien
1)	01157	214	x				x
2)	01153	622	x				x
3)	06636	258	x			x	
4)	06640	189	x	x			
5)	01165	349	x	x			
6)	06628	24	x	x	x		
7)	01191	50	x	x			
8)	01161	188	x	x			

Desinfektionsmittel – Vergleichsprobe (vorher)

Proband-Nr.	Proben-Nr.	Anzahl der KbE	kleine Pünkt-chen	große Punkte	Pfützen	Flechten	gelbe Kolonien
1)	01179	6	x				
2)	01173	15	x				
3)	06658	3	x				
4)	06646	21	x			x	
5)	01183	58	x				
6)	06654	0		x	x	x	
7)	06638	20		x			
8)	01169	17	x	x		x	

Desinfektionsmittel – Probe (nachher)

BEI GRIN MACHT SICH IHR WISSEN BEZAHLT

- Wir veröffentlichen Ihre Hausarbeit,
  Bachelor- und Masterarbeit

- Ihr eigenes eBook und Buch -
  weltweit in allen wichtigen Shops

- Verdienen Sie an jedem Verkauf

Jetzt bei www.GRIN.com hochladen
und kostenlos publizieren